BEI GRIN MACHT SICH IHR WISSEN BEZAHLT

AF 136895

- Wir veröffentlichen Ihre Hausarbeit,
  Bachelor- und Masterarbeit

- Ihr eigenes eBook und Buch -
  weltweit in allen wichtigen Shops

- Verdienen Sie an jedem Verkauf

Jetzt bei www.GRIN.com hochladen und kostenlos publizieren

Organische Reaktionen. Eine allgemeine Einführung

Bibliografische Information der Deutschen Nationalbibliothek:

Die Deutsche Nationalbibliothek verzeichnet diese Publikation in der Deutschen Nationalbibliografie; detaillierte bibliografische Daten sind im Internet über http://dnb.d-nb.de abrufbar.

ISBN: 9783346257284
Dieses Buch ist auch als E-Book erhältlich.

Druck und Bindung: Books on Demand GmbH, Norderstedt Germany
Gedruckt auf säurefreiem Papier aus verantwortungsvollen Quellen

Das vorliegende Werk wurde sorgfältig erarbeitet. Dennoch übernehmen Autoren und Verlag für die Richtigkeit von Angaben, Hinweisen, Links und Ratschlägen sowie eventuelle Druckfehler keine Haftung.

Das Buch bei GRIN: https://www.grin.com/document/925179

Inhaltsverzeichnis

1. Abkürzungen

Äq.	Äquivalente
BINOL	1,1'-Bi-2-naphthol
Boc	*tert*-Butyloxycarbonyl
c-Hexan	Cyclohexan
EtOAc	Ethylacetat
Et$_2$O	Diethylether
g	Gramm
h	Stunde
i-PrOH	*iso*-Propanol
LED	Leuchtdiode
Lit.	Literatur
min	Minute
mL	Milliliter
mmol	Millimol
NaO*t*Bu	Natrium-*tert*-butanolat
NMR	nuclear magnetic resonance
ppm	parts per milion
RT	Raumtemperatur
SET	single electron transfer
THF	Tetrahydrofuran
TMEDA	Tetramethylethylendiamin

2. Synthese von Mesitylhydrazinhydrochlorid

2.1. Retrosynthetische Analyse

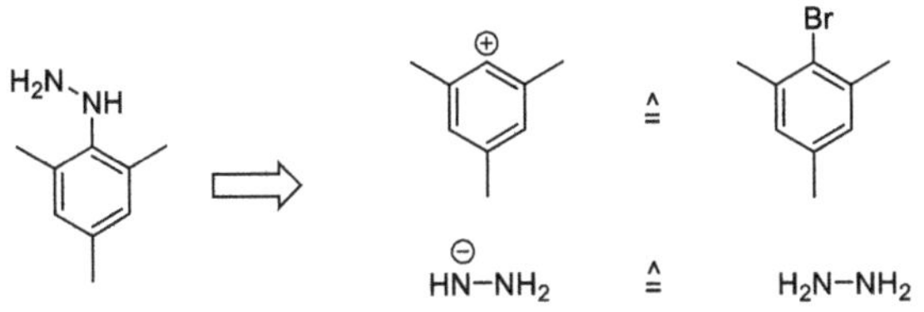

Abb.1: Retrosynthetische Analyse des Mesitylhydrazins.

Das Mesitylhydrazin könnte retrosynthetisch an der C-N Bindung gebrochen werden, wodurch der Stickstoff z. B. eine negative Ladung erhält. Das synthetische Äquivalent dazu wäre ein Hydrazin Molekül. Mesitylbromid könnte als zweiter Baustein dienen und wäre das synthetische Äquivalent des positiv geladenen Mesitylkations. Die Idee war das Molekül mithilfe einer Buchwald-Hartwig-Kreuzkupplung zu synthetisieren. Hierfür wird als Katalysator eine Palladium (0) Verbindung und eine Base wie NaOtBu benötigt.

Mechanistisch findet eine oxidative Addition zwischen der Palladium Verbindung und dem Mesitylbromid statt. Hierbei wird Palladium (0) zu Palladium (+II) oxidiert. Mithilfe der Base NaOtBu wird das Bromid durch eine Alkoholat Gruppe ausgetauscht und NaBr bildet sich. Dann folgt der Ligandenaustausch mit Hydrazin, tert-Butanol wird als Nebenprodukt gebildet. Anschließend folgt eine reduktive Eliminierung, wobei das Produkt und der Katalysator wieder zurückgebildet werden.

2.2. Literaturrecherche

Bei der Datenbank Reaxys wurden 6 Dokumente für die Synthese des Mesitylhydrazins gefunden. Darunter befand sich das Dokument von Zhiyong Wang der Zeitschrift *Synthesis*.[1] Es wurde ausgehend von Mesitylbromid und Diisopropylazodicarboxylat eine FeCl₃ katalysierte Aminierung beschrieben. Es war geplant, statt der Isopropylgruppe eine tert-Butylgruppe einzufügen, die sich leicht mit den Carboxylaten abspalten lässt. Bei der Suchmaschine Google wurden diesbezüglich keine nützlichen Informationen gefunden. Es wurde dabei nach „hydrazine coupling" und „synthesis of hydrazinmesityl" gesucht. Im Antestat wurde auf die Durchführung im *Chem. Comm.*[2] verwiesen. Bei der Durchführung wurde zuerst der erste Baustein, das Di-tert-butylazodicarboxylat aus Hydrazin, welches mit

4

Boc-Schutzgruppen versehen wurde, synthetisiert. Anschließend wurde der zweite Baustein, Mesitylmagnesiumbromid, mit dem Di-tert-butylazodicarboxylat zusammengefügt. Das Zielmolekül Mesitylhydrazinhydrochlorid wurde in einer Ausbeute von 71 % isoliert.

2.3. Mechanismus

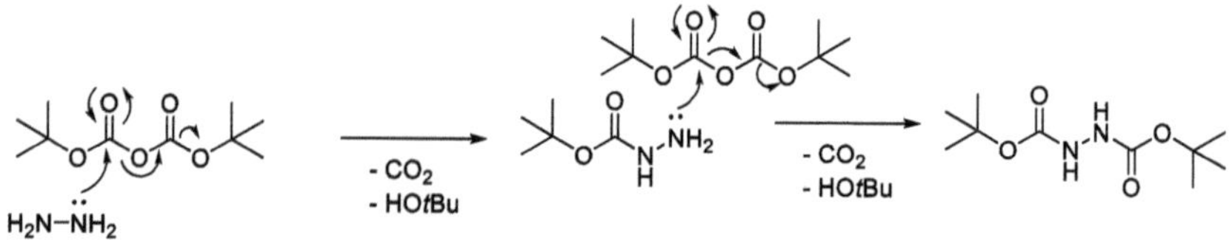

Abb.2: Mechanismus der doppelten Boc-Schützung von Hydrazin.

Hydrazin wird zunächst mit Di-tert-butyldicarboxylat zweifach Boc-geschützt. Zuerst greift das Stickstoffatom des Hydrazin-Moleküls nucleophil den positiv polarisierten Carbonyl-Kohlenstoff an. Hierbei wird nach Elektronenverschiebung CO_2 freigesetzt und ein Alkoholat-Ion gebildet, das den positiv geladenen Stickstoff deprotoniert. Nun greift das andere Stickstoffatom ebenfalls den Carbonyl-Kohlenstoff einer weiteren Boc_2O Gruppe an, wodurch wieder CO_2 und *tert*-Butanol als Nebenprodukt gebildet werden. Das Produkt Di-*tert*-butyl-hydrazin-1,2-dicarboxylat wird erhalten.

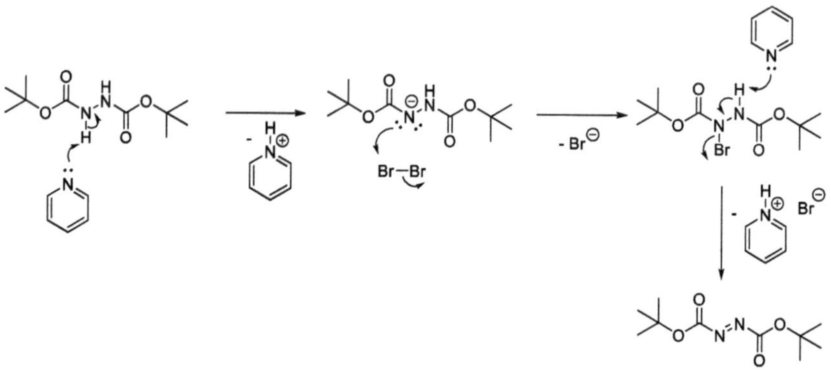

Abb.3: Mechanismus zur Synthese von Di-*tert*-butylazodicarboxylat.

Die folgende Oxidation hin zum korrespondierenden Azodicarboxylat erfolgt mit elementaren Brom. Mechanistisch wird zuerst die Hydrazin-Verbindung durch die Base Pyridin deprotoniert. Anschließend wird das Brom-Molekül nucleophil vom negativ geladenen Stickstoff angegriffen. Das Bromid-Ion koordiniert nun mit dem protoniertem Pyridin und

5

bildet ein Salz. Pyridin leitet anschließend eine ß-Eliminierung ein, bei der es zur Bildung der Azo-Verbindung und eines weiteren Pyridiniumsalzes kommt.

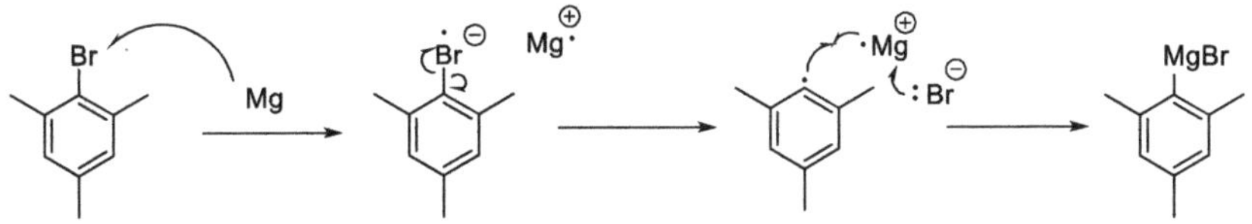

Abb.4: Mechanismus der Reduktion von Mesitylbromid durch Magnesium.

Der zweite Baustein der Synthese wird hergestellt, indem Mesitylbromid mit elemenatem Magnesium versetzt wird. Das Magnesium überträgt durch einen single electron transfer (SET) ein Elektron auf das Brom und wird selbst oxidiert. Die Kohlenstoff-Bromid-Bindung bricht homolytisch auf und ein Bromid-Ion bildet sich. Das Magnesium-Radikalkation bindet sich nun an das entstandene Phenylradikal. Im Anschluss greift das Bromid-Ion nucleophil das Magnesium an. Die Grignard Verbindung Mesitylmagnesiumbromid wird somit gebildet.

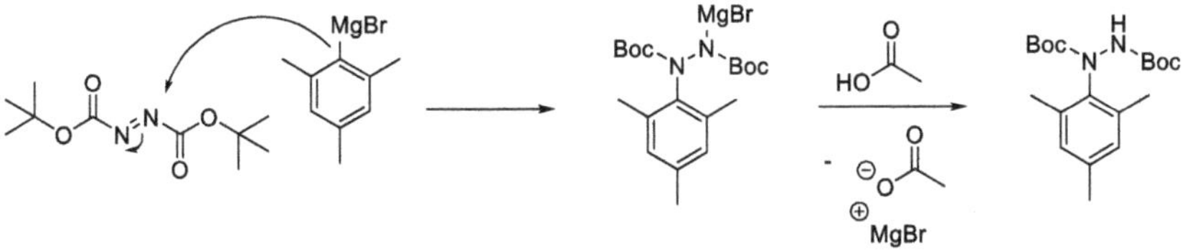

Abb.5: Mechanismus der Addition der Organomagnesiumverbindung an Di-*tert*-butylazodicarboxylat.

Die Kupplung der beiden Bausteine läuft über eine Grignard Reaktion. Bei Grignard Verbindungen kommt es zur Umkehrung der Bindungspolarität aufgrund der stark polarisierten Kohlenstoff-Magnesium-Bindung. Das Phenyl-Anion greift nucleophil die Azoverbindung an. Der negativ geladene Stickstoff wird anschließend durch Essigsäure protoniert und das 2-Mesityl-di-*tert*-butyl-azodicarboxylat wird gebildet.

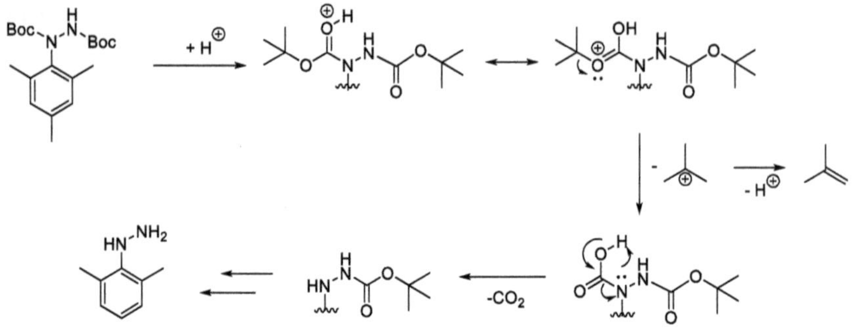

Abb.6: Mechanismus zur Abspaltung der Boc Schutzgruppen hin zur Zielverbindung.

Es folgt das Entschützen der Boc-Schutzgruppen, die säurelabil sind. Durch Säurekatalyse wird der Sauerstoff der Schutzgruppe protoniert und trägt eine positive Ladung. Es folgt eine Abspaltung von einem *tert*-Butyl-Kation und von einem CO_2-Molekül. Aus dem *tert*-Butyl-Kation bildet sich nach Deprotonierung ein Isobuten. Diese beiden Nebenprodukte sind flüchtig und können so die Aminverbindung nicht verunreinigen. Nachdem beide Boc-Schutzgruppen abgespalten wurden, ist das gewünschte Produkt der Synthese, Mesitylhydrazinhydrochlorid, entstanden.

2.4. Experimentalteil

2.4.1. Herstellung von Di-*tert*-butyl-hydrazin-1,2-dicarboxylat

Hydrazin monohydrat	Di-*tert*-butyldicarbonat	Di-*tert*-butylhydrazin-1,2-dicarboxylat
$N_2H_4 \cdot H_2O$	$C_{10}H_{18}O_5$	$C_{10}H_{20}N_2O_4$
50.06 g/mol	218.25 g/mol	232.28 g/mol
1.032 g/cm³	48 g (0.22 mol)	
4.86 mL (100 mmol)		

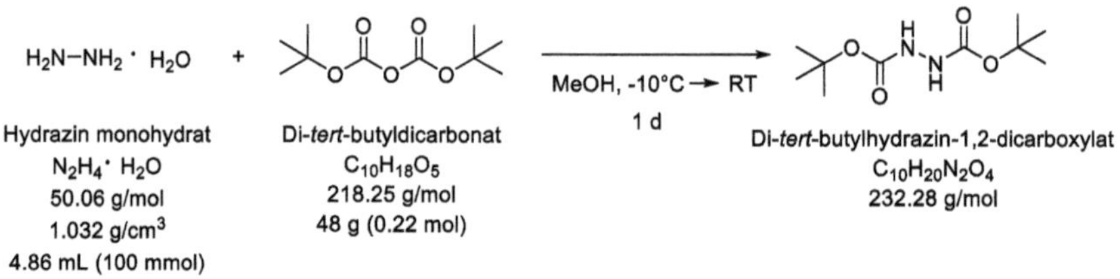

Zunächst wurden 48 g (0.22 mol, 2.0 Äq.) Di-*tert*-butyldicarbonat in 50 mL Methanol gelöst und auf eine Temperatur von -10 °C gebracht. Zur Suspension wurde tropfenweise eine Lösung von 4.86 mL (0.100 mol, 1.00 Äq.) Hydrazin monohydrat, das mit 50 mL Methanol vermengt war, gegeben. Die Reaktionslösung wurde über Nacht bei RT gerührt. Das Lösungsmittel wurde unter vermindertem Druck am Rotationsverdampfer entfernt und das Produkt anschließend im Vakuum getrocknet. Das Produkt wurde als weißer Feststoff mit einer Ausbeute von 103 % (23.9 g, 103 mmol) isoliert.

7

Habitus:	weißer Feststoff.	
Ausbeute:	23.9 g (103 mmol, 103 %).	Lit.: 84 %.[2]
Schmelzpunkt:	123.8-125.4 °C.	Lit.: 122 °C. [2]
¹H-NMR	(300 MHz, CDCl₃): δ [ppm] = 1.47 (s, 18H, CH₃), 6.23 (s, 2H, NH).	

2.4.2. Herstellung von Di-*tert*-butylazodicarboxylat

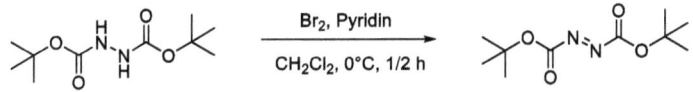

Di-*tert*-butyl-hydrazin-1,2-dicarboxylat	Di-*tert*-butylazodicarboxylat
C₁₀H₂₀N₂O₄	C₁₀H₁₈N₂O₄
232.28 g/mol	230.26 g/mol
23.93 g (103 mmol)	

Es wurden 23.9 g (103 mmol, 1.00 Äq.) Di-tert-butylhydrazin-1,2-dicarboxylat vorgelegt und mit 16.6 mL (16.3 g, 206 mmol, 2.00 Äq.) Pyridin und 100 mL CH₂Cl₂ vermengt. Unter Rühren wurde tropfenweise eine Lösung von 5.80 mL (113 mmol, 1.10 Äq.) Brom und 40 mL CH₂Cl₂ in die auf 0 °C gekühlte Suspension hinzugegeben. Die Reaktionslösung wurde weitere 30 Minuten bei 0 °C gerührt und im Anschluss mit 100 mL CH₂Cl₂ verdünnt. Die organische Lösung wurde mit 100 mL 1 M HCl-Lösung, 200 mL NaHCO₃-Lösung und anschließend mit 200 mL gesättigter NaCl-Lösung gewaschen. Die organische Phase wurde über MgSO₄ getrocknet, filtriert und unter vermindertem Druck vom Lösungsmittel befreit. Anschließend wurde der entstandene Feststoff zweimal mit je 100 mL kaltem *c*-Hexan gewaschen. Die Mutterlauge wurde unter vermindertem Druck vom Lösungsmittel befreit und der Rückstand wieder mit *c*-Hexan gewaschen. Nachdem dieser Vorgang ein weiteres Mal wiederholt wurde, wurden die Feststofffraktionen vereinigt. Das Produkt wurde als gelber Feststoff mit einer Ausbeute von 78 % isoliert.

Habitus:	gelber Feststoff.	
Ausbeute:	18.4 g (79.8 mmol, 78 %).	Lit.: 87 %. [2]
Schmelzpunkt:	81.7-87.5 °C.	Lit.: 85-87 °C. [2]

¹H-NMR   (300 MHz, CDCl₃): δ [ppm] = 1.62 (s, 18H, CH₃).

2.4.3. Herstellung von Mesitylmagnesiumbromid

1-Brom-2,4,6-mesitylbenzol
$C_9H_{11}Br$
199.09 g/mol
1.031 g/cm³
14.6mL (95.7 mmol)

Mesitylmagnesiumbromid
$C_9H_{11}BrMg$
223.40 g/mol

Die Apparatur wurde ausgeheizt und mit Argon befüllt. Im Argongegenstrom wurden 2.33 g (95.8 mmol, 1.25 Äq.) Magnesiumpulver vorgelegt und mit 20 mL trockenem THF versetzt. Zuerst wurden 10 mL einer Lösung aus 14.6 mL (95.8 mmol, 1.25 Äq.) Brommesityl in 100 mL THF zu dem Magnesium/THF Gemisch gegeben. Als schließlich die Reaktion begann und die Lösung sich trüb-braun verfärbte und wärmer wurde, wurde der Rest langsam zugetropft. Unter Reflux wurde die Reaktionssuspension 1.5 h erhitzt.

Habitus   braun-trübe Suspension.

2.4.4. Herstellung von Mesityl-di-*tert*-butylazodicarboxylat

Di-*tert*-butyl-azodicarboxylat
$C_{10}H_{18}N_2O_4$
230,26 g/mol
18,37 g (80 mmol)

2-Mesitylmagnesiumbromid
$C_9H_{11}BrMg$
223,40 g/mol

2-Mesityl-di-*tert*-butyl-
azodicarboxylat
$C_{19}H_{30}N_2O_4$
350,22 g/mol

Es wurden 18.3 g (80.0 mmol, 1.00 Äq.) Di-*tert*-butylazodicarboxylat in 200 mL trockenem THF gelöst und langsam unter Argon in die auf -78 °C gekühlte Lösung vom Mesitylmagnesiumbromid getropft. Die Reaktionslösung wurde über Nacht gerührt und dabei auf RT aufwärmen lassen. Die Reaktionslösung wurde anschließend mit 6 mL Essigsäure gequencht und anschließend mit 100 mL Ammoniumchlorid-Lösung versetzt. Die wässrige Phase wurde dreimal mit jeweils 100 mL Ethylacetat extrahiert, wohingegen die gesammelten organischen Phasen mit 100 mL gesättigter NaCl-Lösung gewaschen wurden. Die organische Phase wurde über MgSO$_4$ getrocknet, filtriert und unter vermindertem Druck vom Lösungsmittel befreit. Das Produkt wurde als orangene viskose Flüssigkeit isoliert und ohne weitere Aufreinigung direkt weiterverwendet.

Habitus: orangene viskose Flüssigkeit.

EI-MS (70 eV): m/z = 350.3 (M$^+$), 250.3, 221.2, 194.2, 149.2, 133.2, 120.2, 57.1.

2.4.5. Herstellung von Hydrazinmesitylhydrochlorid

2-Mesityl-di-*tert*-butyl
azodicarboxylat
C$_{19}$H$_{30}$N$_2$O$_4$
350.22 g/mol

Mesitylhydrazinhydrochlorid
C$_9$H$_{15}$N$_2$Cl
186.69 g/mol

Das Rohprodukt wurde in 140 ml *i*-PrOH gelöst und mit 100 mL (400 mmol, 5.00 Äq.) 4 M HCl-Lösung in Dioxan versetzt. Die Reaktionslösung wurde eine halbe Stunde unter Rückfluss erhitzt und bei RT über Nacht gerührt. Anschließend wurde diese auf 0 °C runtergekühlt und mit 200 mL Et$_2$O versetzt. Der Niederschlag wurde mit einer Glasfritte filtriert, dreimal mit je 50 mL Et$_2$O gewaschen und im Vakuum getrocknet. Das Mesitylhydrazin hydrochlorid wurde über zwei Stufen als weißer Feststoff mit einer Ausbeute von 66 % (9.89 g, 52.3 mmol) isoliert.

Habitus: weißer Feststoff.

Ausbeute: 9.89 g (52.3 mmol, 66 %).   Lit.: 71 %. [2]

¹H-NMR

(300 MHz, D₂O): δ [ppm] = 2.28 (s, 3H, 5-H), 2.36 (s, 6H, 3-H, 4-H), 7.04 (s, 2H, 1-H, 2-H).

ATR-IR: υ [cm⁻¹] = 3296 (w), 2910 (m), 2727 (w), 2655 (w), 2579 (w), 1586 (w), 1554 (w), 1516 (s), 1481 (w), 1116 (w), 1095 (m), 1040 (w), 849 (s), 829 (s), 757 (m), 619 (w), 609 (w), 605 (w), 585 (m).

2.5. Diskussion

Die Ausbeute des ersten Zwischenprodukts Di-*tert*-butyl-hydrazin-1,2-dicarboxylat beträgt 103 %, weil das Produkt zum Schluss nicht mit kaltem *c*-Hexan gewaschen wurde. Auf diesen Schritt wurde verzichtet, weil im zweiten Schritt, bei der Reduzierung der Hydrazin Gruppe, nochmal mit kaltem *c*-Hexan gewaschen werden sollte und das Produkt optisch rein wirkte. Im ¹H-NMR ist bei 1.27 ppm vermutlich *tert*-Butanol zu sehen, das als Nebenprodutk bei der Synthese entsteht. Das Signal bei 1.68 ppm konnte nicht zugeordnet werden. Der Schmelzpunkt stimmt mit dem in der Literatur überein. Insgesamt wurde ein recht sauberes Produkt mit einer sehr hohen Ausbeute erhalten.

Die folgende Ausbeute des Di-tert-butylazodicarboxylats war mit 78 % gut. Jedoch ist im ¹H-NMR neben den Signalen des Moleküls auch ein Signal bei 1.47 ppm, das auf *c*-Hexan zurückzuführen ist, und eins bei 6,23 ppm, welches vermutlich nicht umgesetztes Startmaterial zeigt.

Vom 2-Mesityl-di-*tert*-butylazodicarboxylat wurde eine GC-EI-MS aufgenommen. Die Messung zeigte das zwei Moleküle in der Probe enthalten waren. Bei 6.58 s ist wahrscheinlich Mesitylen zu erkennen, welches sich aus nicht umgesetztem Startmaterial bildet, oder das Mesitylbromid. Bei 14,31 s ist schließlich das gewünschte Produkt zu erkennen, dessen ionisierte Molekülmasse 350.3 beträgt.

Nach der Kupplung der beiden Bausteine wurde die Reaktionslösung von 2-Mesityl-di-*tert*-butylazodicarboxylat eine halbe Stunde unter Rückfluss erhitzt. Es wurde eine DC zur Überprüfung der vollständigen Umsetzung angefertigt. Eine kleine Spur vom Substrat war noch zu sehen, weshalb die Reaktionslösung über Nacht bei RT gerührt wurde. Dieser Schritt stellte sich letztendlich als Fehler heraus, da der Niederschlag so fein war, dass es zu Problemen bei der Filtration kam. Bei Kommilitonen, die die Reaktionslösung nicht über Nacht gerührt hatten, ergab sich ein größerer Niederschlag. Es wurde mit unterschiedlichen Glasfritten, die alle eine andere Porengröße besaßen, versucht den Niederschlag einzufangen. Die Mutterlauge war auch nach mehreren Durchläufen nicht vollständig klar. Hierbei kam es beim Wechsel der Glasfritten zu Ausbeuteverlusten.

Im ^{1}H-NMR-Spektrum sind, neben den Signalen des Produktes, keine weiteren Signale vorzufinden. Die Protonen am Stickstoff sind im Spektrum nicht zu sehen. Im IR-Spektrum sind Banden über 3000 cm^{-1} zu erkennen, die auf CH-Streckschwinungen des Aromaten zurückzuführen sind. Ebenso sind Banden unter 3000 cm^{-1} zu sehen, die von den Methylgruppen verursacht werden. Die typischen Benzolfinger sind bei 2100-1600 cm^{-1} leicht zu erkennen.

Die Synthese des Endproduktes Mesitylhydrazinhydrochlorid über zwei Stufen war letztendlich mit einer Ausbeute von 66 % (9.89 g, 52.3 mmol) und mit einer hohen Reinheit, was das ^{1}H-NMR belegt, erfolgreich.

3. Synthese von 5-Hydroxy-1,4-naphthochinon

3.1. Retrosynthetische Analyse

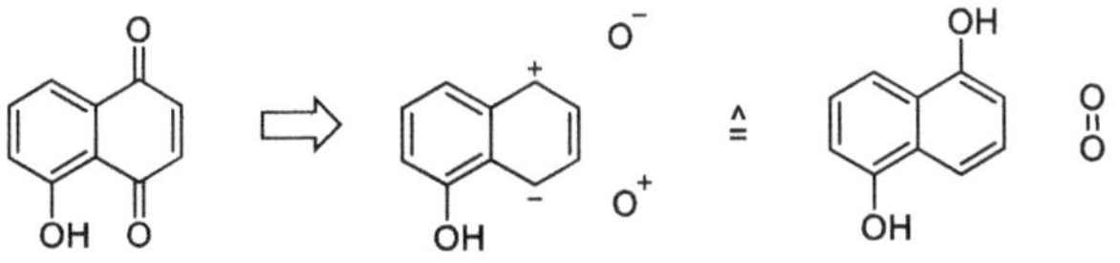

Abb.12: Retrosynthetische Analyse von Juglon.

Das 5-Hydroxy-1,4-Naphthochinon könnte in die oben gezeigten Synthone gebrochen werden, sodass einer der sp^2-hybridisierten Kohlenstoffe eine positive Ladung besitzt und der andere eine negative. Das synthetische Äquivalent eines positiven Kohlenstoffs ist ein Substituent mit hoher Elektronegativität wie eine Hydroxy-Gruppe. Die negative Ladung des Kohlenstoffs wird durch das konjugierte π-Elektronen-System des 1,5-Dihydroxy-naphthalins erreicht. Die positiven und negativen geladenen Sauerstoffatome entsprechen dem synthetischem Äquivalent eines Sauerstoff-Moleküls.

Für eine [4+2] Cycloaddition mit Sauerstoff wird der kurzlebige und energiereiche Singulett Sauerstoff benötigt. Der Singulett-Zustand des Sauerstoffs wird aus quantenmechanischen

Gründen nicht durch direkte Bestrahlung mit Licht erreicht. Ein Sensibilisator wird hierfür benötigt und muss photochemisch angeregt werden.

3.2. Literaturrecherche

Die Literaturrecherche wurde zuerst mit Reaxys durchgeführt. Bei der Datenbank wurde spezifisch nach Sauerstoff als Reagenz gesucht. Es wurden 9 verschiedene Dokumente gefunden. Darunter war ein Artikel von Micheal Oelgemöller im *Chemical Reviews*[3], bei welchem der Sensibilisator Bengalrosa verwendet wurde. Nach 4 Stunden wurde eine Ausbeute von 79 % mit Aceton als Lösungsmittel erzielt. Ein weiteres Dokument wurde vom *Tetrahedron*[4] rausgesucht. Zur Synthese von Juglon wurden dort zwei verschiedene Sensibilisatoren, Bengalrosa und Methylenblau, sowie die Beeinflussung des Lösungsmittels auf die Ausbeute hin untersucht. Aber Bengalrosa ergab in Kombination mit dem Lösungsmittel Aceton mit 71 % die beste Ausbeute. In Google wurde ein Paper von *Arch. Pharm. Chem. Life Sci.*[5] gefunden, das mit Bengalrosa und Acetonitril eine Ausbeute von 70-75 % erzielte. Im Antestat wurde für die Durchführung auf die Seite www.oc-praktikum.de[6] verwiesen. Durch die Nutzung von Bengalrosa als Sensibilisator und *tert*-Amylalkohol als Lösungsmittel, wurde eine Ausbeute von 62 % erzielt.

3.3. Reaktionsmechanismus

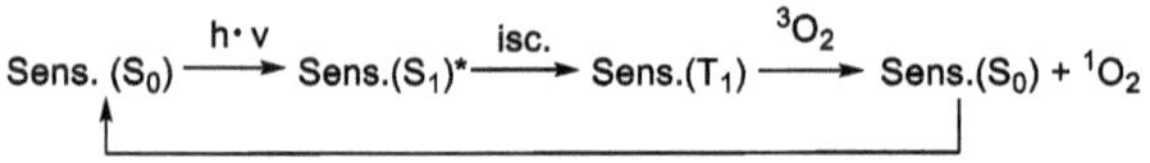

$$\text{Sens. (S}_0) \xrightarrow{h \cdot v} \text{Sens.(S}_1)^* \xrightarrow{isc.} \text{Sens.(T}_1) \xrightarrow{{}^3O_2} \text{Sens.(S}_0) + {}^1O_2$$

Abb.13: Photochemische Anregung des Sensibilisators und Reaktion mit dem Triplett-Sauerstoff.

Der Sensibilisator, in dem Fall Bengalrosa, wird photochemisch angeregt, sodass er vom Singulett-Grundzustand in den ersten angeregten Singulett-Zustand angeregt wird. Es kommt zu einem intersystem crossing (isc.) wodurch das Molekül in den ersten angeregten Triplett-Zustand übergeht. Von da aus kann das Molekül, welches sich im Triplett-Zustand befindet, mit dem Triplett Sauerstoff wechselwirken. Es kommt zu einem Energietransfer. Die Wechselwirkung verläuft über den sogenannten Dexter Mechanismus, einem Stoßprozess. Nach dem Energietransfer befindet sich der Sensibilisator wieder im Singulett-Grundzustand und der Sauerstoff im ersten angeregten Singulett-Zustand.

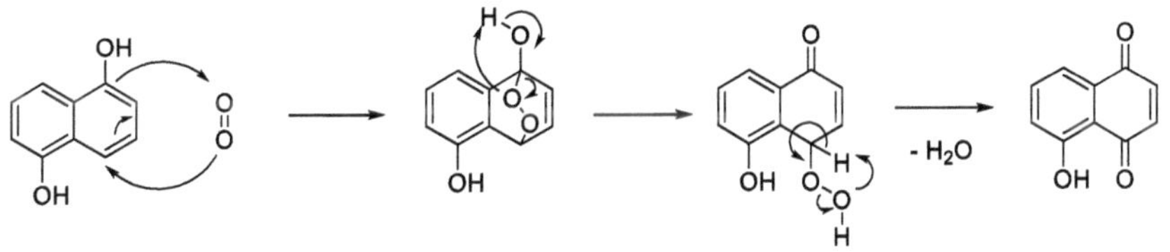

Abb.14: Cycloaddition zwischen dem Singulett-Sauerstoff und 1,5-Dihydroxy-naphthalin.

Es findet eine perizyklische [4+2]-Cycloadditionsreaktion zwischen dem 1,5-Dihydroxy-naphthalin als Dienophil und dem Sauerstoff als Dien statt. Durch Umprotonierung wird die Peroxid-Gruppe protoniert und der neu gebildete Bizyklus zu einem Hydroperoxid aufgebrochen. Daraufhin wird unter Wasserabspaltung die zweite Carbonyl-Gruppe eingeführt. Das Produkt 5-Hydroxy-1,4-naphthochinon bildet sich dadurch.

3.4. Experimentalteil

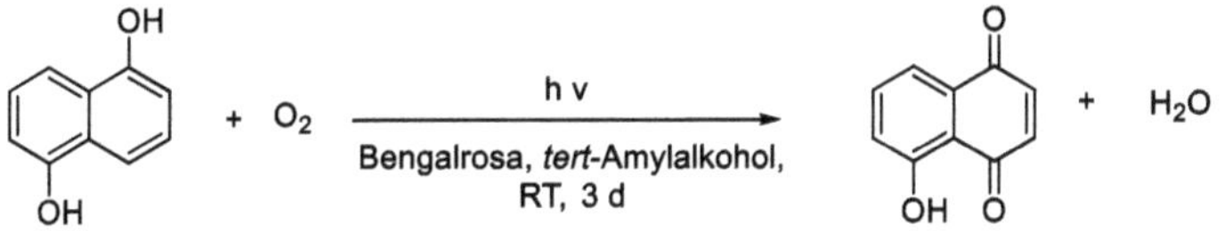

1,5-Dihydroxynaphthalin
$C_{10}H_8O_2$
160.17 g/mol
80 mg (0.50 mmol)

5-Hydroxy-1,4-naphthalindion
$C_{10}H_6O_3$
174.16 g/mol

Es wurden 80 mg (0.50 mmol, 1.0 Äq.) 1,5-Dihydroxynaphthalin in 50 mL *tert*-Amylalkohol gelöst und in eine Schlenk Apparatur gegeben. 0.025 mg (0.025 mmol, 0.05 Äq.) Bengalrosa wurden in 0.1 mL Wasser gelöst und in die Substrat-Lösung gegeben. Mithilfe einer Spritze wurde in die Reaktionslösung dauerhaft Luft eingeleitet, wurde außerdem mit LEDs bestrahlt und es wurde über das Wochenende mit LEDs bestrahlt. Das Lösungsmittel wurde unter vermindertem Druck am Rotationsverdampfer entfernt. Das 5-Hydroxy-1,4-Naphthalindion wurde in einer Ausbeute von 66 % (0.058 g, 0.33 mmol) isoliert.

Habitus: orangener Feststoff.

Ausbeute: 0.058 g (0.33 mmol, 66 %).   Lit.: 62 %.[6]

R$_f$:   0.61 (3:1 *c*-Hexan/EtOAc).

¹H-NMR	(300 MHz, CDCl₃): δ [ppm] = 6.96 (s, 2H, 4-H, 5-H), 7.29 (dd, ^4J= 2,6 ^3J= 7.0 Hz, 1H, 3-H), 7.61-7.68 (m, 2H, 1-H, 2-H), 11.92 (s, 1H, OH).

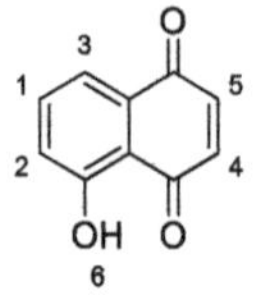

ATR-IR: υ [cm⁻¹] = 1643 (s), 1290 (m), 1228 (w), 1154 (w), 1103 (w), 991 (w), 912 (w), 833 (w), 742 (w), 698 (w).

3.5. Diskussion

Die Apparatur wurde über das Wochenende mit den LEDs bestrahlt wodurch die Reaktionslösung so heiß wurde, dass die Lösung verdampfte. Jedoch war das Produkt so stabil, dass es sich nicht zersetzte. Die Apparatur im Praktikum könnte durch holographische Spiegel, die in der Vorschrift im *Chemical Reviews*[3] benutzt werden, um die Temperatur zu reduzieren, optimiert werden.

Im IR-Spektrum sind wie erwartet breite dominante Banden um 3300 cm⁻¹ zu sehen, die auf eine Alkoholgruppe zurückzuführen sind. Ebenso die zugehörige breite Bande bei einer Wellenzahl von 1250-1000 cm⁻¹ im Fingerprintbereich ist zu erkennen. Die Carbonylbande des Moleküls ist bei 1650 cm⁻¹ zu sehen.

Insgesamt war die photochemisch-induzierte Reaktion zum Juglon mit einer Ausbeute von 66 % (0.058 g, 0.33 mmol) erfolgreich. Die hohe Reinheit kann durch das ¹H-NMR belegt werden.

4. Synthese von 1-Brom-2,6-diisopropylbenzol

4.1. Retrosynthetische Analyse

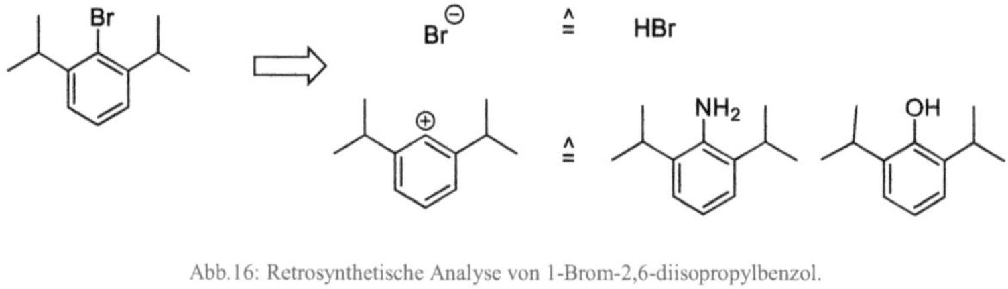

Abb.16: Retrosynthetische Analyse von 1-Brom-2,6-diisopropylbenzol.

Retrosynthetisch könnte die polare C-Br Bindung am Aromaten gebrochen werden. Die Synthone sind ein Bromid-Ion und ein positiv geladenes Benzolderivat. Das synthetische Äquivalent eines Bromid-Ions ist ein HBr Molekül. Das synthetische Äquivalent eines positiv geladenen Aryl-Rests wäre eine Hydroxy- oder eine Amin-Gruppe. Ein Anilin-Derivat kann mit einem Nitrit unter sauren Bedinungen diazotiert werden und anschließend kann eine Bromierung, ähnlich einer Sandmeyer-Reaktion, ablaufen.

4.2. Literaturrecherche

Die Suche mit Reaxys ergab 7 Ergebnisse. Da nur bei zwei Artikeln eine Ausbeute angegeben wurde, wurden diese ausgesucht. Im Artikel von Malcolm Crawford im *J. Chem. Soc.*[7] wurde eine Synthese ausgehend von Bromobenzol gefunden. Bei der Alkylierung wurden die Reagenzien 2-Propanol und Schwefelsäure verwendet. Jedoch wurden hier drei verschiedene Isomere isoliert, sodass die Reaktion nicht selektiv ist und zu keiner guten Ausbeute führte. Bei einem Artikel von Mark W. Wallasch im *Organometallics*[8] wurde das Produkt ausgehend von 2,6-Diisopropyl-anilin in einer guten Ausbeute von 73 % mit den Reagenzien HBr und NaNO$_2$ synthetisiert, weshalb nach dieser Durchführung gearbeitet wurde. Mit Google wurde eine weitere Syntheseroute gefunden. In der Masterarbeit von Jason Douglas Masuda[9] wurde zusätzlich Kupfer Pulver als Reagenz verwendet. Das Kupfer dient zusätzlich als Reduktionsmittel für das Diazoniumsalz. Jedoch wurde hier nur eine Ausbeute von 32 % erzielt.

4.3. Mechanismus

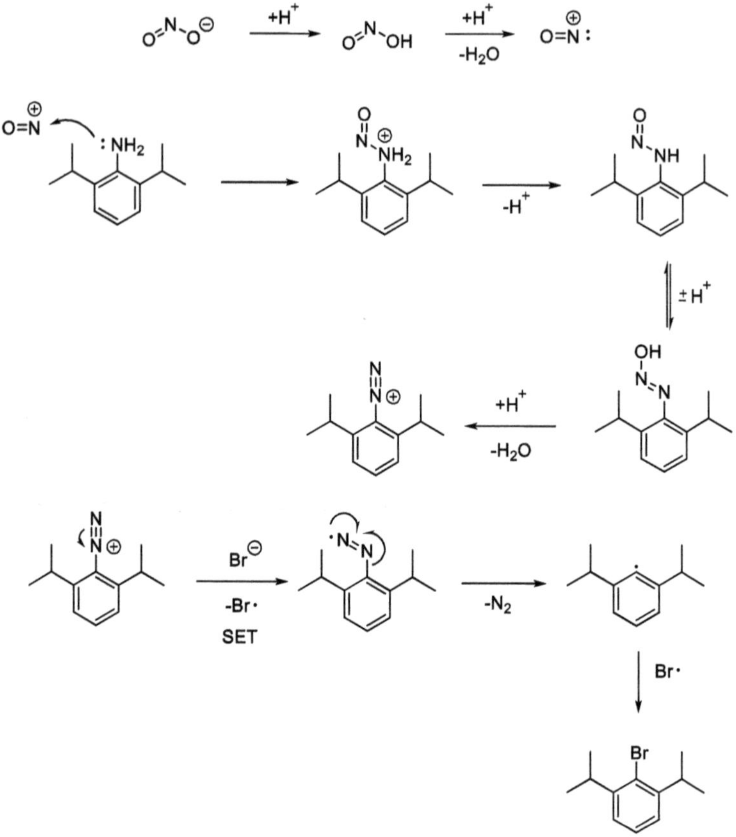

Abb.17: Mechanismus zur Synthese von 1-Brom-2,6-diisopropylbenzol.

Zur Bildung des Diazonium-Ions wird das Nitrit protoniert, sodass sich unter Wasserabspaltung das elektrophile Nitrosylkation bildet. Das Anilin Derivat greift den positiv geladenen Stickstoff des Nitrosylkations nucleophil an. Nach Deprotonierung und Protonentransfer entsteht die zugehörige Diazohydroxid Verbindung. Diese wird wiederrum protoniert und unter Wasserabspaltung bildet sich das Diazonium Ion, das durch den aromatischen Ring resonanzstabilisiert ist. Nun folgt die Sandmeyer ähnliche Reaktion ohne eine Kupfer-(I)-Salz Verbindung. Das Bromid Ion reduziert die Diazoverbindung über einen SET, wodurch eine Abspaltung von Stickstoff eingeleitet wird und das Bromid Ion zum Bromradikal oxidiert wird. Das Phenylradikal ist sehr instabil und reagiert sofort mit dem Bromradikal zum 1-Brom-2,6-diisopropylbenzol.

17

4.4. Experimentalteil

2,6-Di-isopropyl-anilin	1-Brom-2,6-diisopropylbenzol
$C_{12}H_{19}N$	$C_{12}H_{17}Br$
117.29 g/mol	241.17 g/mol
30 g (17 mmol)	

Es wurden 30 g (17 mmol, 1.0 Äq.) 2,6-Diisopropylanilin vorgelegt und 150 mL einer wässrigen 48 % HBr-Lösung hinzugegeben. Die Reaktionssuspension wurde auf -50 °C runter gekühlt. Anschließend wurde in einem Intervall von 20 Minuten 20 g (29 mmol, 1.7 Äq.) NaNO₂ zu der Suspension gegeben. Bromdämpfe entstanden und die Suspension verfärbte sich von gelb zu braun. Die Reaktionssuspension wurde für eine Stunde weiter gerührt, und danach wurde die Lösung mit 150 mL vorgekühlten Et₂O versetzt. Dabei entstand eine starke Bromgasentwicklung. Daraufhin wurde die Reaktionssuspension auf -15 °C erwärmt und als die Gasentwicklung geringer wurde, wieder auf -50 °C runtergekühlt. Im Anschluss wurden 20 mL Wasser und 100 g Na₂CO3 hinzugegeben. Die Lösung wurde über Nacht gerührt und langsam auf RT gebracht. Mit 170 mL gesättigter NaS₂O₃-Lösung wurde das überschüssige Brom gequencht. Um den Feststoff in Lösung zu bringen wurde mit 250 mL Wasser verdünnt. Der übrige Feststoff wurde abfiltriert und mit c-Hexan gewaschen. Die wässrige Phase wurde zweimal mit je 150 mL c-Hexan extrahiert und die gesammelten organischen Phasen wurden unter vermindertem Druck vom Lösungsmittel befreit. Die braunrote Flüssigkeit wurde bei 20 mbar über eine Vakuumdestillation gereinigt. Da das Produkt nicht erfolgreich vom Substrat getrennt werden konnte, wurde zusätzlich säulenchromatographisch mit reinem c-Hexan getrennt. Das 1-Brom-2,6-diisopropylbenzol wurde als braunrote Flüssigkeit in einer Ausbeute von 35 % (14.36 g, 59.53 mmol) isoliert.

Habitus: braunrote Flüssigkeit.

Ausbeute: 14.36 g (59.53 mmol, 35 %). Lit.: 73 %.[8]

R_f: 0.76 (c-Hexan)

¹H-NMR (300 MHz, CDCl₃): δ [ppm] = 1.13 (d, ^3J = 6.0 Hz, 12H, 5-H), 3.51 (sept, 2H, 4-H), 7.07 (d, ^3J = 8.0 Hz, 2H, 1-H, 3-H), 7.19 (t, ^3J = 8.0 Hz, 1H, 2-H).

18

EI-MS (70 eV): $m/z = 242.1$ (M^+), 225.1, 162.2, 147.2, 119.3, 105.2, 91.0, 77.2.

4.5. Diskussion

Die Siedepunkte des Substrats und des Produktes besitzen eine Differenz von 4-5 °C, weswegen die Asufreingung durch die Destillation nicht erfolgreich war. Bei allen Fraktionen war im ^{1}H-NMR das Edukt zu sehen. Daher wurden die Moleküle anschließend säulenchromatographisch über Kieselgel mit c-Hexan getrennt. Jedoch war diese Trennung auch nicht komplett erfolgreich. Im ^{1}H-NMR ist ein septett bei 2.83 ppm zu erkennen, das vom 2,6-Diisopropylanilin stammt. Das Integral des Signals bei 1.13 ppm ist außerdem erhöht aufgrund der Verunreinigung durch das Startmaterial. Außerdem sind weitere Verunreinigungen zusehen. Bei 1.42 ppm befindet sich c-Hexan, das jedoch durch weiteres Trocknen einfach zu entfernen wäre. Beim Signal bei 6.97 ppm wird vermutet, dass es sich um das Molekül 2,6-diisopropylphenol oder um das Startmolekül handelt.

Mit einer Ausbeute von 35 % (4.36 g, 59.53 mmol) war die Synthese von 1-Brom-2,6-diisopropylbenzol und der enthaltenden Substrat-Verunreinigung leider nicht sehr erfolgreich. Die geringe Ausbeute lässt sich durch die hohe Anzahl an Aufreinigungsschritten erklären.

5. Synthese von Z-2,3-Diphenylbut-2-en

5.1. Retrosynthetische Analyse

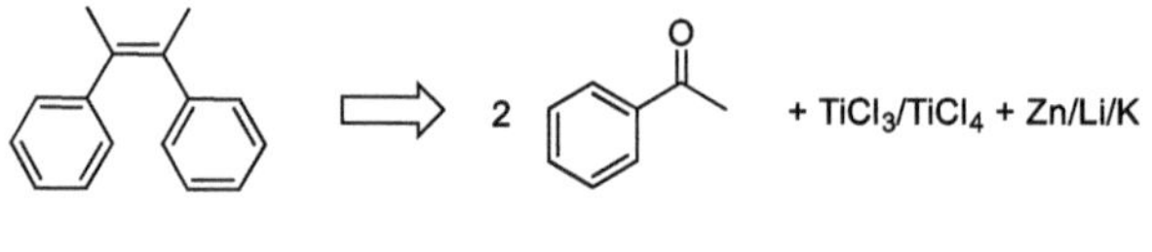

Abb.19: Retrosynthetische Analyse von 2,3-Dipehnylbut-2-en.

Das hochsymmetrische Z-2,3-Diphenylbut-2-en kann an der olefinischen Bindung gebrochen werden, sodass zwei Acetophenone als synthetische Äquivalente geeignet sind. Die McMurry Reaktion ist eine Carbonyl-Kupplungsreaktion, die zur Reduktion der Carbonyl-Kohlenstoffe niedervalentes Titan benötigt. Aus Titan(III/IV)chlorid und einem Reduktionsmittel wie Zink, Lithium oder Kalium wird das niedervalente Titan hergestellt. Aufgrund der sehr reaktiven Titanverbindung und des leicht oxiderbaren Metalls wird unter Wasserauschluss gearbeitet. Hierfür wird die Reaktion unter Argon gehandhabt.

5.2. Literaturrecherche

In Reaxys ergab die Suche für das 2,3-Diphenylbut-2-en 42 Reaktionsbedingungen. Die Suche wurde gefiltert, indem nach Reaktionen mit den Reagenzien $TiCl_3$ und $TiCl_4$ gesucht wurde. Es blieben 7 verschiedene Artikel übrig. Darunter befand sich eins von Jürgen Leimner und Peter Weyerstahl im Journal *Chemische Berichte*[10]. Zur Synthese wurde $TiCl_4$ und Zink Staub in trockenem THF benutzt. Das Produkt wurde in einer Ausbeute von 74 % in einem *E/Z* Verhältnis von 26:74 isoliert. Im Artikel wurde genauer auf die Bildung der sekundären Alkohole eingegangen, die besonders bei sterisch gehinderten Ketonen eine Nebenreaktion darstellt. Zusätzlich wurde im *J. Org. Chem.*[11] die Auswirkung verschiedener Lösungsmittel untersucht und die verbesserten Reaktionszeiten im Ultraschallbad gegenüber den Reaktionen, die unter Reflux Bedingungen abliefen, dargestellt. In der Google Suchmaschine wurde ein weiterer Artikel vom *Journal of Organometallic Chemistry*[12] mit denselben Bedingungen gefunden, wobei das Produkt in einer Ausbeute von 70 % isoliert wurde. Nach Absprache wurde die Reaktionsvorschrift vom Lehrbuch „Präparative Organische Chemie"[13] übernommen.

5.3. Mechanismus

$$TiCl_4 + 2\ Zn \longrightarrow Ti^{2+} + 2\ ZnCl + 2\ Cl^-$$

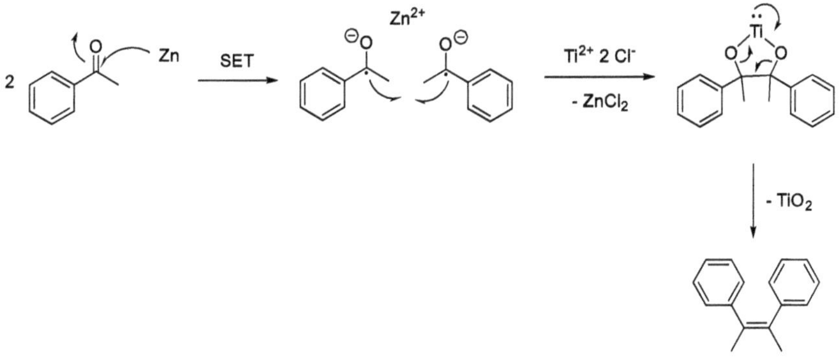

Abb.20: Mechanismus zur reduktiven McMurry-Kupplung von Acetophenon.[10]

Der erste Schritt des Mechanismus entspricht einer Pinakol Kupplung. Durch elementaren Zink kommt es zu einem single-electron-transfer (SET) am Carbonyl Kohlenstoff. Anschließend erfolgt eine Rekombination zweier Radikale, die durch den Templateffekt erleichtert wird. Zur gleichen Zeit wird Titan(+IV) mit Hilfe von elementarem Zink zu Titan(+II) reduziert und es kommt zur Bildung der stabilen Titan-Sauerstoff Bindung. Nach Desoxygenierung kommt es zur Bildung des Produktes, dem 1,2-Diphenylbut-2-en und dem Titan(II)oxid. Letzteres stellt die Triebkraft der Reaktion dar. Die Substituenten an der Carbonylgruppe spielen eine wichtige Rolle bei der Z/E-Selektivität. Bei kleinen Substituenten, wie hier bei der Methylgruppe, kommt es zur Rotation um die sp^3-hybridisierte Bindung, sodass sich das Titan an die Aromaten koordinieren kann. Dadurch kommt es bevorzugt zur Bildung des Z-Isomers.

5.4. Experimentalteil

Acetophenon	2,3-Diphenylbut-2-en
C_8H_8O	$C_{16}H_{16}$
120.15 g/mol	208.30 g/mol
1.03 g/cm^3	Z:E
0.7 mL (6 mmol)	82:18

Die Apparatur wurde ausgeheizt und mit Argon befüllt. Es wurden 1.18 g (18.0 mmol, 3.00 Äq.) Zink Pulver vorgelegt und mit 40 mL 1,4-Dioxan versetzt. Anschließend wurden 0.98 mL (1.71 g, 9.0 mmol, 1.5 Äq.) TiCl$_4$ und 0.70 mL (0,72 g, 6.0 mmol, 1.0 Äq.) Acetophenon in die Suspension hinzugegeben. Die Reaktionslösung wurde 3.5 h unter Rückfluss erhitzt, auf RT abgekühlt und anschließend mit 40 mL NaHCO$_3$-Lösung gequencht. Die Reaktionslösung wurde filtriert und mit n-Pentan gewaschen. Die wässrige Phase wurde dreimal mit jeweils 30 mL n-Pentan extrahiert. Die gesammelten organischen Phasen wurden unter vermindertem Druck vom Lösungsmittel befreit. Das Produkt wurde im Vakuum getrocknet und als farbloses Öl mit einer Ausbeute von 38 % als Z/ E-Gemisch isoliert.

Habitus: farbloses Öl.

Ausbeute: 0.24 g (1,14 mmol, 38 %).   Lit.: 75-80 %.[13]

R$_f$:   0.44 (E-Isomer), 0.38 (Z-Isomer) (c-Hexan)

Z:E Verhältnis über ^{1}H-NMR berechnet:

        86:14.   Lit.: 82:18. [13]

¹H-NMR

(300 MHz, CDCl₃): δ [ppm] = 1.88 (s, *E*-Isomer), 2.17 (s, 6H, 1-H), 7.1-6.94 (m, 10H, 2-H, 3-H, 4-H, 5-H, 6-H), 7.28-7.40 (m, *E*-Isomer).

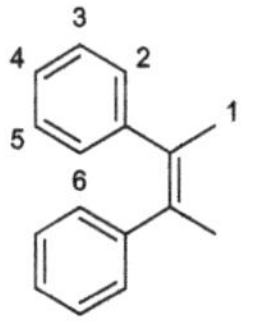

5.5. Diskussion

Bei der Synthese des 2,3-Diphenylbut-2-en kam es zu einer deutlich geringeren Ausbeute (0.24 g, 1.1 mmol, 38 %) als in der Literatur. Der Grund hierfür könnte sein, dass die Reaktionslösung nicht direkt über eine präparierte Glasfritte, sondern zuerst mit einem Filterpapier filtriert wurde. Es ist anzunehmen, dass das Produkt am Festkörper haften blieb. Jedoch ist die Selektivität der Reaktion wie erwartet auf der Seite des *Z*-Isomers. Mit einem Verhältnis von 86:14 für das *Z*-Isomers ist die Reaktion trotz der Ausbeuteverluste erfolgreich gewesen.

Im ¹H-NMR ist noch ein schwaches Signal von 1,4-Dioxan zu erkennen, das sich jedoch leicht durch weiteres Trocknen entfernen lässt. Zusammengefasst kann gesagt werden, dass eine sehr hohe Stereoselektivität erzielt werden konnte, die Ausbeute mit 38 % jedoch gering ist.

6. Synthese von 1,1'-Bi-2-naphthol

6.1. Retrosynthetische Analyse

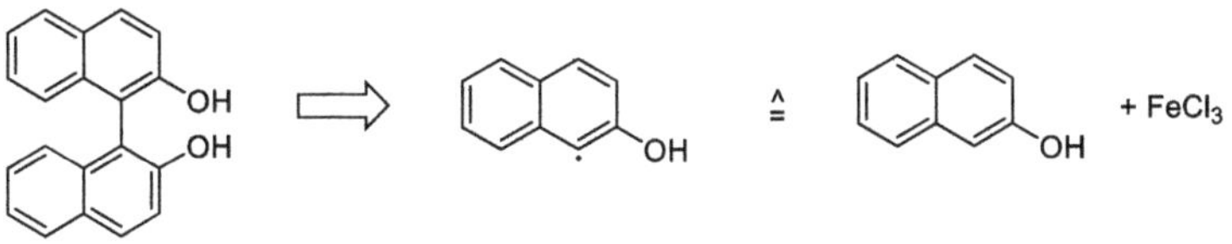

Abb.22: Retrosynthetische Analyse des BINOLs.

Retrosynthetisch wird die axiale Achse des BINOLs homolytisch gespalten, sodass von 2-Naphthol als synthetisches Äquivalent ausgegangen wird. Für die Oxidation des Naphthols wird ein Katalysator wie Eisen(III)chlorid benötigt. Mithilfe des Sauerstoffs, der im Skript vorgegeben ist, kann der Katalysator regeneriert werden.

6.2. Literaturrecherche

Mit der Datenbank Reaxys wurden zuerst 112 Reaktionsbedinungen von verschiedenen Dokumenten gefunden. Daraufhin wurde konkret nach einer Reaktion mit dem Reagenz Sauerstoff gesucht. Die Suche ergab 6 Treffer. Hierbei wurde ein Artikel von *J. Chem. Soc.*[14] gefunden, indem zur Synthese von BINOL ein Gemisch aus FeCl$_3$/Al$_2$O$_3$ als Katalysator verwendet wurde. In dieser Durchführung wurde die Reaktionslösung unter Reflux erhitzt und als Reinigungsmethode wurde eine Umkristallisation verwendet. Das Produkt wurde in einer Ausbeute von 99 % isoliert. Ein weiterer Artikel des *J. Org. Chem.*[15] untersuchte die oxidative Kupplung von Naphthol-Derivaten mit unterschiedlichen chiralen Diamin-Kupfer Komplexen. Das Lösungsmittel CH$_2$Cl$_2$ brachte hierbei die besten Ausbeuten. Die Komplexe wurden jeweils aus CuCl und dem chiralen Liganden TMEDA oder Spartein synthetisiert. Nach Absprache wurde sich an die Durchführung im *J. Org. Chem.*[15] gehalten und der Katalysator Cu(OH)Cl-TMEDA verwendet.

6.3. Mechanismus

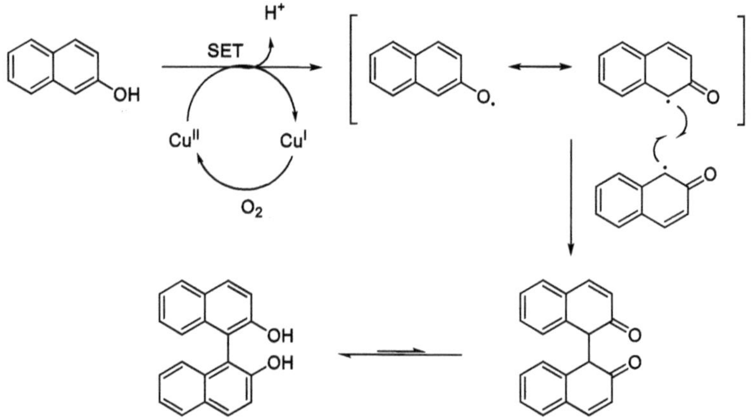

Abb.23: Reaktionsmechanismus der oxidativen Kupplung von 2-Naphthol mit einem Kupfer(II) Katalysator zum 1,1'-Bi-2-naphthol.[16]

Das BINOl wird durch eine oxidative Kupplung von 2-Naphthol mit einem Kupfer Katalysators hergestellt. Zuerst wird der Kupfer(II)-Komplex vom Sauerstoff der Hydroxygruppe reduziert, indem es ein Elektron aufnimmt, während sich das acide Proton der Hydroxygruppe abspaltet. Der Katalysator kann durch eine Oxidation mit Sauerstoff wieder zurückgewonnen werden. Das erzeugte Radikal ist durch mesomere Grenzstrukturen stabilisiert. Durch eine

Rekombination zwei dieser Radikale kommt es zur Bildung von 1,1'-Bi-2-naphthol. Das Keto-Enol-Gleichgewicht liegt hierbei auf der Enol-Seite, da so die Aromatizität wiederhergestellt wird.

6.4. Experimentalteil

2-Naphthol	1,1'-Bi-2-naphthol
$C_{10}H_8O$	$C_{20}H_{14}O_2$
144.17 g/mol	286.33 g/mol
504 mg (3.50 mmol)	

Zuerst wurde der Cu(OH)Cl-TMEDA Komplex synthetisiert. Hierfür wurden 1.0 g (10 mmol, 1.0 Äq.) CuCl vorgelegt und mit 3.0 mL (20 mmol, 2.0 Äq.) Tetramethylethylendiamin versetzt. Zu der Suspension wurden 15 mL MeOH hinzugegeben. Unter Luftzufuhr wurde die Reaktionslösung 1 h gerührt. Anschließend wurde der Komplex abfiltriert und mit Aceton gewaschen. Der Komplex wurde im Vakuum getrocknet bevor er weiterverwendet wurde.

Habitus: lila-grauer Feststoff.

Ausbeute: 0.97 g (4.2 mmol, 41 %).   Lit.: 98 %.[15]

Schmelzpunkt: 136-138 °C.   Lit.: 137-138 °C. [15]

8.0 mg (0.035 mmol, 0.01 mol%) des Cu(OH)Cl-TMEDA Komplex und 504 mg (3.50 mmol, 1.00 Äq.) des 2-Naphthol wurden vorgelegt und mit 35 mL CH$_2$Cl$_2$ versetzt. Die Reaktionslösung wurde unter Luftzufuhr für 1 h bei RT gerührt. Das Lösungsmittel wurde unter vermindertem Druck entfernt und es blieb ein schwarz-weißer-Feststoff zurück. Das Produkt wurde säulenchromatographisch gereinigt und in einer Ausbeute von 88 % isoliert.

Habitus: brauner Feststoff.

Ausbeute: 0.44 g (1.5 mmol, 88 %).   Lit.: 92 %.[15]

Schmelzpunkt: 209-210 °C.   Lit.: 205-207 °C.[17]

¹H-NMR: (300 MHz, CDCl₃): δ [ppm] = 5.03 (s, 2H, OH), 7.15 (d, ^3J = 8,2 Hz, 2H, 4-H), 7.25-7.40 (m, 6H, 1-H, 2-H, 3-H), 7.89 (d, ^3J = 7.9 Hz, 2H, 6-H), 7.98 (d, ^3J = 7.9 Hz, 2H, 5-H).

6.5. Diskussion

Die geringe Ausbeute von 0.97 g (4.2 mmol, 41 %) des Cu(OH)Cl TMEDA Komplexes ist darauf zurückzuführen, dass der Niederschlag sehr fein war, sodass er zuerst nicht erfolgreich filtriert werden konnte. Bei der ersten Filtration über einen Büchnertrichter wurde nur grüner Feststoff von der Suspension getrennt, das auf unreagiertes CuCl zurückzuschließen ist. Der Schmelzpunkt stimmt mit dem Literaturwert überein.

Die Ausbeute des BINOLS betrug 88 % und war somit erfolgreicher. Nachdem das Lösungsmittel unter vermindertem Druck entfernt wurde, blieb ein schwarz-weißer Feststoff zurück. Daraufhin wurde eine DC gemacht, auf der keine sichtbaren Verunreinigungen zu sehen waren. Jedoch wurde das Produkt aufgrund der vermutlich schwarzen Verunreinigungen chromatographisch gesäubert, da das BINOL laut der Literatur ein farbloser Feststoff ist.

Das ¹H-NMR zeigte neben den Signalen des Moleküls einige kleine Verunreinigungen. Bei 0.07 ppm ist Schlifffett auszumachen und bei 0.88 ppm, sowie bei 1.25 ppm sind Signale von Fett zu sehen. Lösungsmittel wie c-Hexan bei 1,42 ppm und Ethylacetat bei 2,03 ppm und 4,12 ppm könnten durch weiteres trocknen leicht entfernt werden. Insgesamt lässt sich sagen, dass das BINOL in einer sehr guten Ausbeute von 0.44 g (1.5 mmol, 88 %) und einer hohen Reinheit, was das ¹H-NMR-Spektrum belegt, erfolgreich isoliert werden konnte.

7. Literaturverzeichnis

[1] Z. Wang, X. Xing, L. Xue; Y. Xiong, *Synthesis* **2014**, *46*, 757-760.

[2] K.B. Ling, A.D. Smith, *Chem. Commun.* **2011**, *47*, 373–375.

[3] M. Oelgemöller, *Chem.Rev.* **2016**, *116*, 9664-9682.

[4] O. Suchard, R. Kane, B. Roe, E. Zimmermann, C. Jung, P.A. Waske, J. Mattay, M. Oelgemoeller, *Tetrahedron* **2006**, *62*, 1467 – 1473.

[5] Gotthard Wurm; Uwe Geres, *Arch. Pharm. Chem. Life Sci.*, *318*, 931-937.

[6] https://www.oc-praktikum.de/nop/en/instructions/pdf/7001_en.pdf (abgerufen am 02.04.2018 um 21:23).

[7] M.Crawford, V.R. Supanekar, *J. Chem. Soc.* **1968**, 1001-1003.

[8] M. Wallasch, D. Weismann, C. Reihn, S. Ambrus, G. Wolmershäuser, A. Lagutschenkov, G. Niedner-Schatteburg, H. Sitzmann, *Organometallics* **2010**, *29*, 806-813.

[9] Jason Douglas Masuda, The Monophosphaamidine Functional Group, **2002**.

[10] J. Leimner, P.Weyerstrahl, *Chem.Ber.* *115*, 3691-3705.

[11] S. K. Nayak; A. Banerji, *J. Org. Chem.* **1991**, *56*, 1940-1942.

[12] C. Villers, M. Ephritikhine, *J. Org. Chem.* **1995**, *502*, 109-121

[13] R. Brückner et al., Praktikum Präparative Organische Chemie – Organisch- Chemisches Fortgeschrittenenpraktikum, Spektrum-Verlag **2009**, 305.

[14] L. Tong-Shuang, D. Hui-Yun, L. Bao-Zhi, B. Tewari, L. Sheng-Hui, *J. Chem. Soc.* **1999**, 291-293.

[15] M. Nakajima, I. Miyoshi, K. Kanayama, S. Hashimoto, *J. Org. Chem.* **1999**, *64*, 2264-2271.

[16] *Chem. Rev.* **2005**, *105*, *3*, 858-859.

[17] N. Nader, B. Rahman, E. Marzieh, S. Milosz, L. Tadeusz, *Polyhedron* **2016**, *111*, 167-172.

8. Anhang

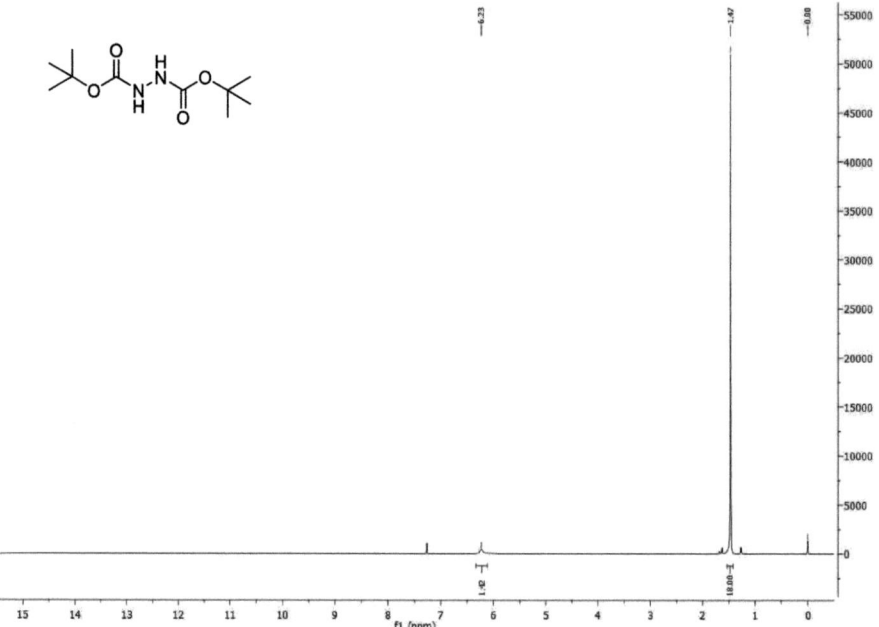

Abb.25: ¹H-NMR vom Di-*tert*-butyl-1,2-dicarboxylat.

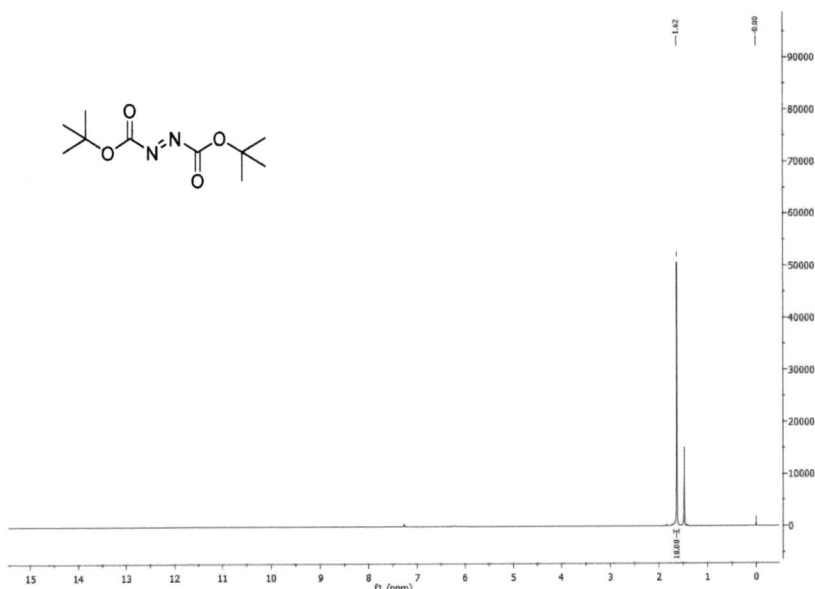

Abb.26: ^{1}H-NMR vom Di-*tert*-butylazodicarboxylat.

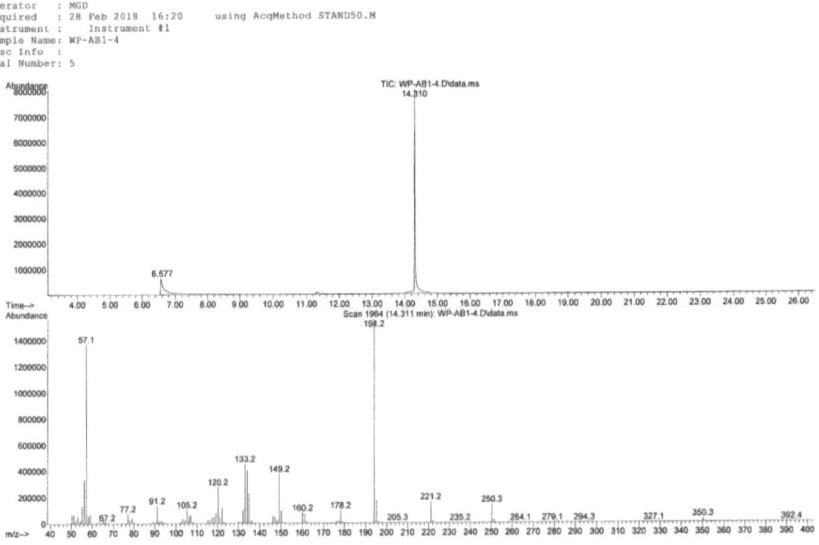

Abb.27: MS vom 2-Mesityl-di-*tert*-butylazodicarboxylat.

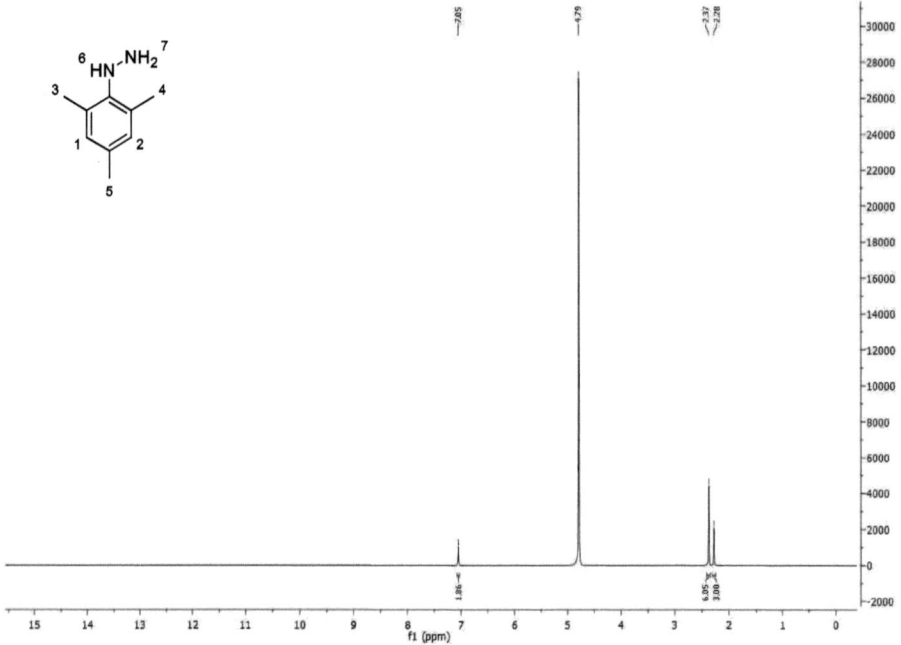

Abb.28: ¹H-NMR vom Mesitylhydrazinhydrochlorid.

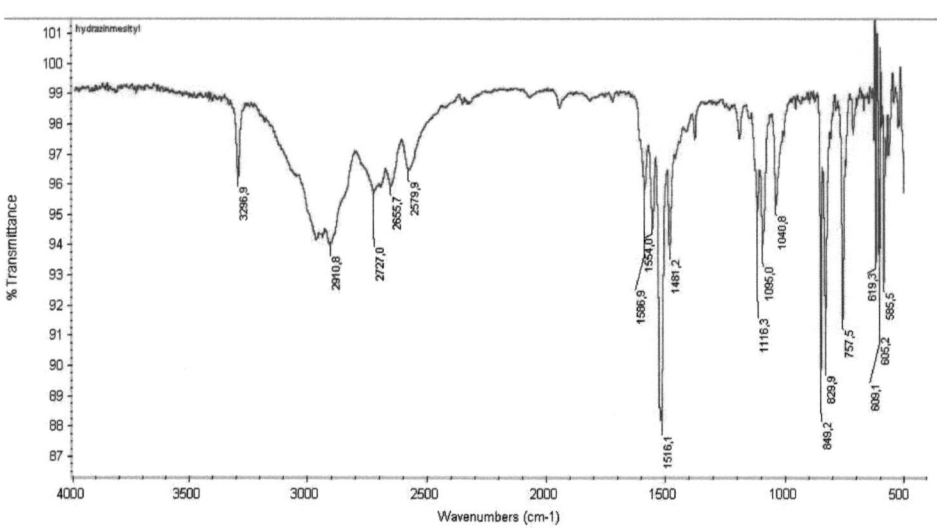

Abb.29: IR-Spektrum vom Mesitylhydrazinhydrochlorid.

29

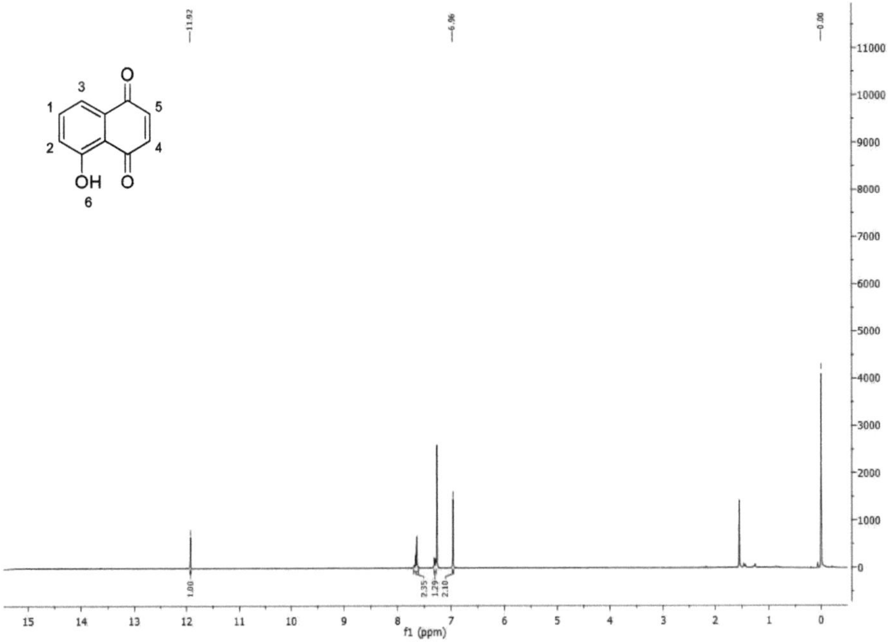

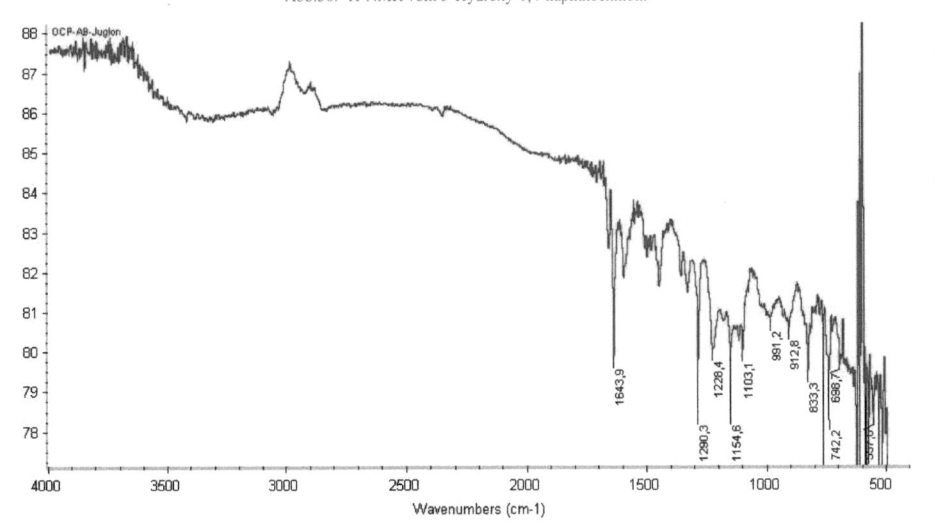

Abb.30: ¹H-NMR vom 5-Hydroxy-1,4-naphthochinon.

Abb.31: IR-Spektrum vom 5-Hydroxy-1,4-naphthochinon.

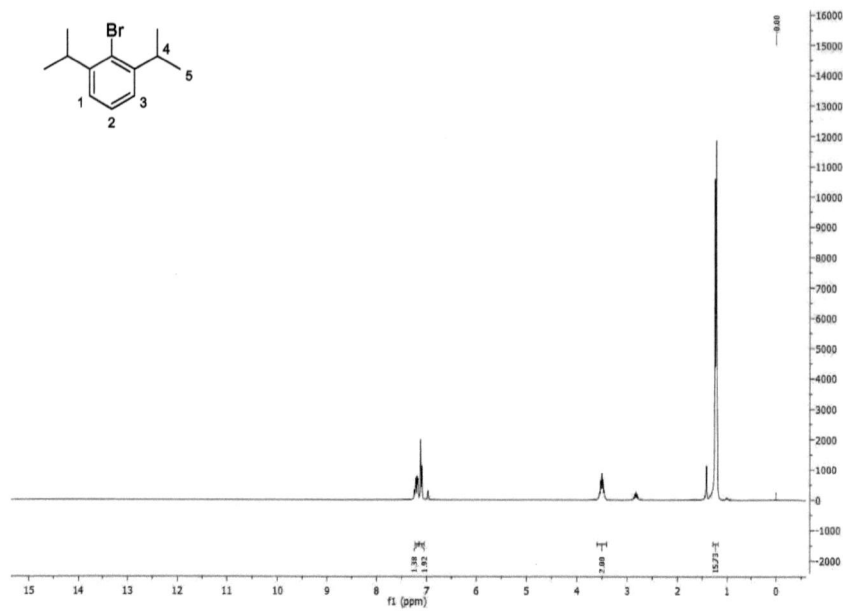

Abb.32: ¹H-NMR vom 1-Brom-2,6-diisopropylbenzol.

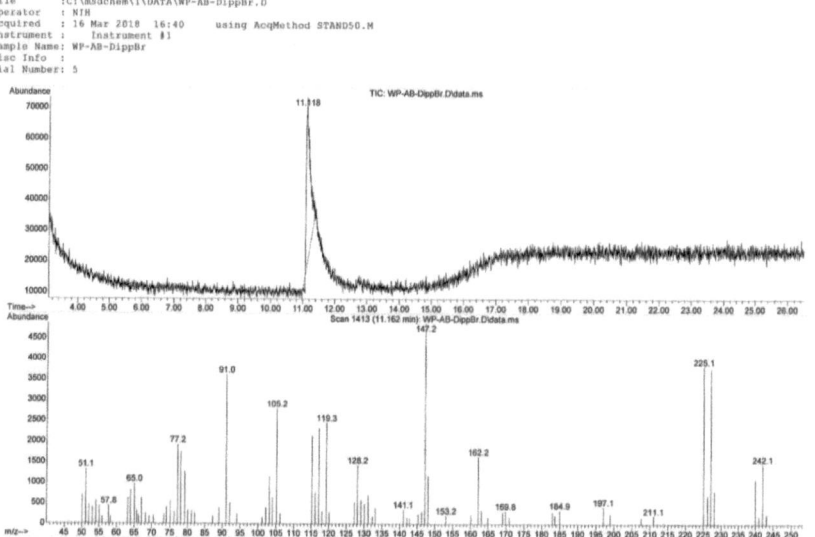

Abb.33: MS vom 1-Brom-2,6-diisopropylbenzol.

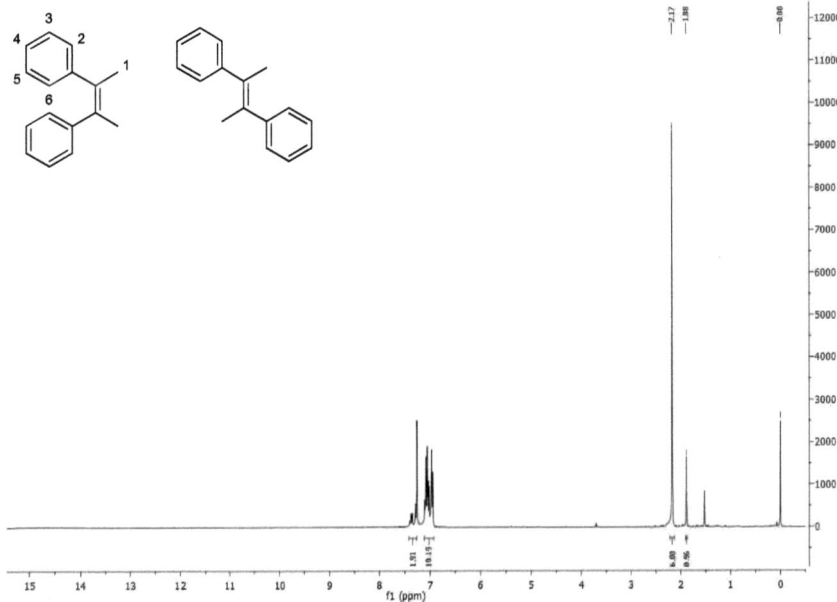

Abb.34: ¹H-NMR vom Isomerengemisch 2,3-Diphenylbut-2-en.

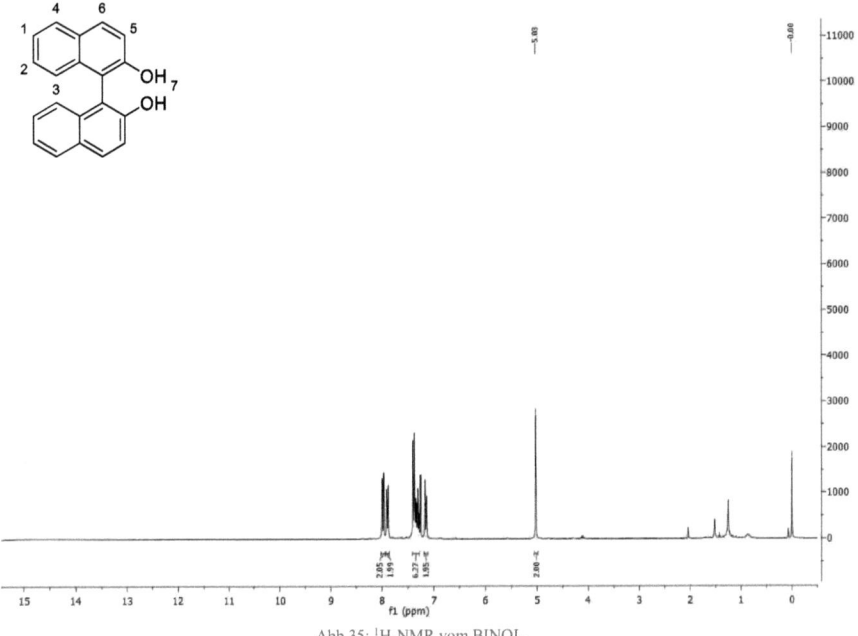

Abb.35: ¹H-NMR vom BINOL.

Abbildungsverzeichnis

Alle Abbildungen wurden selbst erstellt mithilfe von ChemDraw Prime 16.0. Die NMR Spektren sind selbstständig aufgenommen worden und mithilfe von Mestrenova 6.0 ausgewertet. IR Spektren und MS Spektren wurden ebenfalls selbstständig aufgenommen und wurden automatisch ausgewertet.